数学应用漫画

U0292642

冒险岛
数学秘密日记 ④

演唱会现场的正邪较量

杜勇俊／著

九州出版社
JIUZHOUPRESS

人物介绍

江道云

晨荷的同班同学。擅长数学，帮助晨荷学习数学，努力追逐宝石精灵的痕迹，想要弄清楚宝石精灵的真实身份。

东方在真

晨荷小时候的邻居哥哥，人气偶像组合 Rookie 的成员，也是晨荷的学长和偶像。

陆晨荷

小学四年级女生。父亲在国外工作，她与母亲一起生活。在遇见黑猫少年尼路后，被卷入神秘事件中，体内宝石的力量也开始觉醒。

朱雨菲

晨荷最要好的朋友，经常帮助晨荷。

上集梗概

晨荷被雨菲发现了真实身份后，拜托雨菲保守秘密。美术课上，晨荷班级的同学们来到了学校前的东山写生。美狐和X君趁机跟随，用黑魔法魅惑英浩偷去了同学们的画。晨荷和尼路因此与美狐展开了抗争。而此时，道云开始怀疑晨荷就是宝石精灵……

X君

与美狐是同族，常在美狐左右。

尼路

会说话的黑猫少年。被晨荷点化后，化为少年模样。拥有水之力量。

美狐

长着尾巴的美女狐仙，在寻找一颗融合了"自然之力"的宝石。

目录

演唱会现场的*正邪较量*

本卷学习内容

　　学习了满十进一和退一当十之后，我们对加法和减法的运算更加熟悉了，接下来可以试一试更多的计算方法。我们可以计算含有□的加法和减法，还可以计算包含三个数的加减混合运算。

第 1 话

晨荷的秘密

学习主题：用□代替
某数求□的值

这是刚才宝石精灵帽子上的羽毛，怎么会从晨荷的书包里掉出来呢？

难道，晨荷是宝石精灵？不会的，不可能的……

握

紧

晨荷啊，你一直在这里吗？没去别的地方吗？

嗯？

哈哈！当然一直在这里了，还能去哪里？

哈哈哈

是吗？果然是这样啊！

怎么这么问？

没什么、没什么。

摇头

没错，不可能的。

对了，晨荷，刚才我用了你的蜡笔，还给你！

嗯？

本来想和你说一声的，但是你和雨菲两个人都不在，我就直接拿走用了。

惊 呆

慌慌 张张

哈，哈哈哈！去、去了洗手间啊！

……

哈哈哈！去了洗手间？嗯？

嗯？

呃啊！这种情况下应该说什么？太慌张*了，什么都想不起来。

哈哈！

哈哈！快走吧！走吧！

?? ?

哒哒哒哒

*慌张：受到惊吓或者着急的时候的一种状态

……

哈哈哈！

！？？

好像在隐瞒什么事情……

晨荷啊，你身上到底有什么秘密？

咻 咻 咻 咻

你以后行动要分外小心了。否则身份会被发现啊。

哎呦，还不如直接告诉他呢。

这分明是对你起了疑心啊。

什么？如果你的真实身份被发现的话……

知道知道啦。你不说我也知道呢。

如果道云知道了我的秘密，他也会有危险，我会小心的。

哎呦

啊！

散落

老师，我帮你拿吧。

嗯？

晨荷啊，谢谢你。

微笑

几天后

嘈杂

熙攘

呃啊啊！放学啦，赶紧去买票吧！

啊啊啊

我也去！我也去！

下个月有 Rookie 哥哥们演唱会！

是啊，据说这次的节目特别炫酷。

Rookie 不就是在真哥哥的组合……

我们也去买一张票吧。

据说网上预售 *，已经售罄 * 了。

什么？不要啊！我要去看哥哥们啊——

转头

反应很强烈啊。

我也是！

啪啪

哥哥们！不管怎样我一定要得到一张票！

哈哈，我也想去呢。

*预售：在实际发生前提前销售的。

*售罄：全部卖光。

14

呼！我叔叔和Rookie所属公司的员工是好朋友……

什么？

我拜托叔叔帮忙搞到了票，还有一张哦！吼吼吼吼！

抖抖

票、票啊！

哒哒哒

雅琳啊，可以给我一张吗？

我也想要！嗯？

哇哇

我会考虑的。吼吼吼！

雅琳啊，拜托！

拥挤 吵嚷

这一张给谁呢？

拿起

呃……

CONCERT

雅琳啊，我也想要一张……

哈

不给！我为什么要给你票？

收回

太过分了！

那你自己去买票啊！吼吼吼！

真讨厌！

我不需要。

转头

这张票，我要给道云同学，我好吧？和我一起去吧。

啊可

什、什么？这可是非常难买的票啊！

嗯，所以你给更需要它的同学吧。

呃呃呃……

给我们吧，雅琳啊！

雅琳啊！

走、走开啊！

哒哒哒

雅琳真是人气爆棚呢？

我也很想去啊……

哼！

我真是搞不懂，为什么那么想去。

嗯？

为什么？Rookie 是现在最红的偶像*歌手啊！

在网上可以看到视频啊，为什么要去那么多人的地方。去了 Rookie 也不认识她们。

可是，直接去现场和看回放的视频，氛围感觉和音效*都是不一样的啊，现场更棒呢！

歌手在现场不是会小得像一只蚂蚁吗……

如果是我，宁可在家里看电视，还能看到歌手更清晰的模样。

呃呃

*偶像：受到很多人喜欢的人。

*音效：声音的效果

和你说了，去现场和在家看电视完全不一样！

大怒

惊呆

就算不喜欢，也要先把票收下给我们啊！

就是啊……

勃然

什么？

大怒

我、我才不愿意呢。

什么？

为什么？

呃……那是因为……

我不喜欢东方在真。

怎么可能给你们票？

什么？没听清楚。

呃……

别问了！反正就是不想给你们……

什么？你真是讨厌啊！

我就是不想去！这种演唱会门票给我10张我都不去！

道云你真是！

呜噜噜

吱呀

？

嗒 嗒

……

谢谢！我正好想去呢！

晨荷啊，真是太好了！

我就知道你想去。

带着朋友们一起来吧，我多准备了票。

哇！谢、谢谢！

虽然自己这么说很不好意思，但是，票已经售罄了，非常难买到呢。

挠头
挠头

一定会来吧？

欢欣

鼓舞

当、当然了!

一定会去的。

伸手

知道了。

……

!!

!!

伸手

也……

也给我……

一张可以吗?

刚才我在车里听到了，你不是不想去么。

你要我的演唱会门票干什么？

当、当然是我想去了。

这种演唱会门票给我10张我都不去！

那是，不需要10张啦，只需要1张的意思……

嗯，我这里还有一张票……

但是直接给你太没意思了，你若回答上来我的问题，我就给你。

真的吗？

一个非常简单的问题！我们 Rookie 一共有几名成员？

嗯……有34名？

好、好挤……

哈哈哈

如果是这个数字，舞台都装不下我们呢！

我是开玩笑啦……嗯……有多少名呢？

给你个提示吧？从你说的34名中减去我们实际的成员数，得数是29。

$$34 - \square = 29 , 34 - 29 = \square$$

嗯！那用算式写下来就是 $34 - \square = 29$，$\square$是……

34−29=5，所以 Rookie 的成员一共有5名！

答对了！

测试

算出□中的数字并填写进去。

(1) 19+ □ =27
⇨ 27−19= □

(2) 23− □ =16
⇨ 23−16= □

▶ 答案见26页

Rookie 是最近最红的组合。我现在分别给你们介绍一下 Rookie 的成员！

有什么可介绍的……

长得非常壮实而且有男子汉气概的是"最高允彬"。

舞蹈跳得最好，被称为"舞蹈神童"的是"神童辉英"。

温柔又会作曲的是"悠悠明宇"。

长得非常可爱的老幺是"天空东浩"。

最有人气的，唱歌最好的是"东方在真"。

测试答案 (1) 8, 8 (2) 7, 7

每次东方在真一来就这样，我原来不是这么容易生气的性格啊。为什么会这样呢？

嗯？

转头

惊

哎呦！

我现在易怒得都不像我了呢……

道云到底怎么了？

我只能出来一会儿，得马上回去了。

啊……要走了吗？

演出马上开始了。

点头点头

嗯，既然拿到票了，我也该回家了。

道云，你刚才的态度那么不好，还是拿到了那么贵的门票。开心吧？

嗯？这个很贵吗？比电影票要贵吗？

吼吼！很贵的好吧。

而且我们的位置非常靠前，所以更贵了啊。

哦！我没怎么关注，所以不知道。这么一想还挺开心的呢。

哈哈，刚才雅琳给你票你还不要？

那时候不是所有人都去。所以我也不去！

嗯？

揺

你说什么？

没、没什么！到时候我们一起去吧。

好呀。

到时候我们一起出发吧！

真的很喜欢这些偶像呢！太让人兴奋了！

真去演唱会的话，还是挺兴奋的呢！

呼哟

我都听到了。

探头

这些孩子们都是追星族啊！

……

我也要去……演唱会。

真是太兴奋了，好想快点到演唱会那一天！

明星的吸引力那么大吗？

在真哥哥……

……

怦怦

现在已经开始心跳加速了呢。

迫切期待那一天的到来，真是让人激动啊。

几天后

啊哈！今天在书包里憋得好累啊。

嗒 嗒

嗷嗷嗷嗷

吓我一跳，怎么叫得这么吓人？

呃，你脸上那是什么啊？是你吓我一跳好吧！

我在敷黄瓜面膜啊。这样，明天皮肤就会水润水润的。

哎呦，像鬼一样！吓人一跳。

什么？鬼？哪里？

转头

转头

你啊，我说的是你……

32

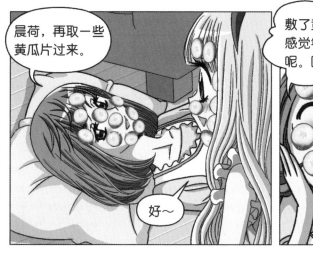

晨荷，再取一些黄瓜片过来。

好～

敷了黄瓜面膜，感觉年轻 10 岁呢。吼吼吼！

吧唧吧唧

吧唧，黄瓜很新鲜呢。

啊啊！舒服！

无法相信，明天就会去在真哥哥的演唱会现场了。

啪 啪

你是因为这个才敷面膜的吗？

你从小就喜欢跟在在真后面跑！

我、我哪有？

在真现在真的有出息了呢！

可不嘛，在真哥哥是我的偶像！

我从小就喜欢他……

去在真哥哥的演唱会，好激动哦！

哎呦……

打滚

打滚

明日，将是超级偶像组合"Rookie"举办演唱会的日子。

起身

啊！

大家好，我们是Rookie。我们的演唱会终于要在明日举办了！

请大家一定要来哦！

在真哥哥……

一定要向在真学习哦!

好好学习!

天天向上!

哈啊

我只是因为能去在真哥哥的演唱会而高兴啊。

哇哇

明天快点到来……

明天一定是非常开心的一天吧。

吼吼……

哇哇哇哇

哒哒哒

明天终于是Rookie演唱会的日子了！好开心！

怦怦怦怦

预售的时候买到了靠近舞台的位置，接下来……

哇哦

终于要见到在真哥哥了！

在真哥哥怎么这么帅啊?

怦怦怦怦

哥哥,再等等,我牛瑞丽明天就要去见你了!

如果知道我为了你有多么努力,你一定会吃惊的!

1年前

哈啊!好无聊啊,没有什么有趣的事情啊!

……到哪里找点有趣的事情呢?

这是最近蹿红的人气歌手!

哇哇哇!

大家好，我们是Rookie！

Rookie？新出道的歌手吗？

大家好，我是东方在真，请多指教。

啊啊

那天，我第一次见到在真哥哥，就把他当作偶像了！

吼吼吼！Rookie 组合？先去他们官方网站看看！

翻译

在网上再买本专辑……

歌开始了！

啊，唱得真好啊！今天起，用它当闹铃！

我♪心里♪只有你♪

这个杂志里有 Rookie 的海报吧。这里的照片都是我的！嗯哈哈！

抱紧
抱紧

噔噔！都贴好了！

真是让人心动啊。

怦怦 怦怦

就这样，我喜欢上了Rookie 组合，成了他们最忠实的粉丝！

哒哒啪！

怎么连舞都跳得这么好！

在真哥哥最帅了！

瑞丽啊，你少看点电视吧，赶紧去写作业。

不要，妈妈！我看完这个再去写。让我看吧！

哎呦……

Rookie 哥哥们出来的部分我要录像，让我看吧！

哎呦，用你这份执着去学习，早就拿班里第一了。

好吧，你最喜欢他们中哪一个啊？

那个，在中间那个……

最帅的在真哥哥!

要赶紧多向官网的粉丝们学习学习!

嘶 嘶

就是这个孩子吗?

是，她最符合 * 这次的计划了。

噔

噔

吼吼，她看起来有点奇怪，一看就知道是深陷进去了。

嘻 嘻

让我们开始吧!

*符合：与某些条件或者情况相符。

30 分钟后

我要做好这个影集，在粉丝论坛炫耀一下！

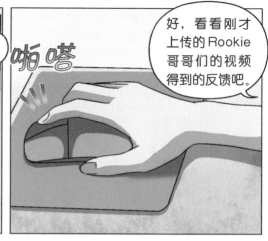

啪 嗒

好，看看刚才上传的 Rookie 哥哥们的视频得到的反馈吧。

啊！很多回复呢！

嗯？

留言

研究中
在真哥哥是我的！

普利
我现实中见到过在真哥哥！

太帅太帅了!!

东久
我还握过他的手~~

大家为什么这样？在真哥哥是我的！

为什么大家都说在真哥哥是自己的？好难过。

呃呃

在真哥哥如果只属于我一个人该多好啊。

我帮你实现这个愿望吧？

呃！

转头

谁、谁啊？

现在这个不重要啊。

什么?

这个组合,是叫 Rookie 吧?

......

你喜欢他,对吗?我可以帮你。

你可以帮我?

怦 怦 怦 怦

你是说你能让我见到他吗?你是演艺圈的人吗?还是有亲戚是 Rookie 的经纪人……

理解错了啊。

真的能见到在真哥哥吗？真的吗？

当然了，你看，你一想到东方在真，心中的愿望有多强烈啊。

这件事情取决于你啊。

啪 啪

吼吼！非常让我满意。

我会让你的宝石颜色变得更加美丽。

伸手

呃……我的心情……

嘶嘶嘶

是不是一点一点有了自信了？

嗯……好像现在我就可以去见在真哥哥一样。

哈哈哈哈!

心情怎么样?

非常棒。越来越有自信了。

看起来你的魔法成功了。

现在，谁也别想抢走我的在真哥哥。

因为在真哥哥是属于我的!

在真啊，怎么了？

啊，对不起，刚才感觉有点奇怪……

大型演唱会当前，在真也会紧张吧？不用紧张，会很顺利的。

哈哈，是有点紧张吧？

挠头

来，大家先休息一会儿，10分钟后再开始彩排。

好。

哈啊！好累。

明天就是演唱会了，真不敢相信！

咕咚 咕咚

明天，好期待呢！……会有很多人来吧？

微笑

握

拳

我一定会加油，给大家展现一场好的表演，一定！

这种黑暗的力量在那么多人的演唱会上释放，尼路听到这个计划一定会吓一大跳的。

你的这个计划，我非常喜欢！哦吼吼吼！

噗味

噗味

以后会更加有趣的。

燃烧燃烧

因为，明天这股黑暗的力量就会立竿见影了。

微笑

明天，一定会是让人兴奋的　天。

用□代替某数
求□的值

测试 1 ▶ 雅琳从叔叔那里要来了一些门票，给同学们分了几张，用□求雅琳分给同学们多少张票。

叔叔给了我 11 张演唱会门票！

雅琳啊，谢谢你！

分给你们后，我只剩下 5 张了。

算式（　　　　　　　　　　　　　　　）

测试 2 ▶ 演唱会举办前，Rookie 的成员们在努力练习舞蹈。今天练习了多少次，请用□来计算。

昨天我们练习了 48 次吧？

对，哥。

加上今天练习的次数，一共是 74 次了。大家辛苦了！

算式（　　　　　　　　　　　　　　　）

答案（　　　　　　　　　　　　　　　）

测试 **3** ▶ 瑞丽在看网上的留言，瑞丽看的留言中关于Rookie哥哥们的回复有多少条，用□来计算。

一共有63条回复呢。

在真哥哥是我的!

普利
我现实中见到过在真哥哥!

太帅太帅了!!

东久
我还握过他的手~~

呼呼，Rookie哥哥们果然人气爆棚啊!

全部留言中，除去关于Rookie哥哥们的留言，还有6条关于别人的留言。

算式（ ）

答案（ ）

第2话
黑暗的演唱会

学习主题：三个数的
加减法计算

叮 铃铃

喵嗷！

坐起

今天终于到了，演唱会的日子！

吓我一跳，上学的时候你倒是也这么早起来啊。

啦啦 啦啦

你的意思是，今天你要留在家里是吧？

呃！不、不是！咱们快出发吧！哈哈！

明知道我在家里会很无聊……哼！

吼吼吼！

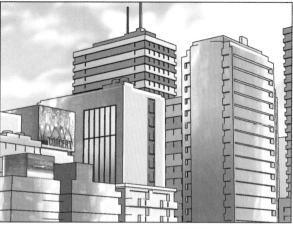

怎么没人呢？

是不是来得太早了？

啊！看那里！应该是在那里吧！

人群拥挤

哇啊！是那里！好大的一栋建筑啊！

真是太高兴了！心怦怦跳！

怦怦 怦怦

冷静一点啊！

晨荷！

噔

噔

你在这里啊。

雨菲啊，你的衣服……

哇哇！看那个女生的衣服。

这种日子，一定要穿这样的盛装啊。怎么样？

嗯，虽然很显眼，但是很美啊。

我要是也穿漂亮一点来就好了，没准还能让 Rookie 哥哥们看我一眼……

我又给你做了一件宝石精灵的衣服带来了。你今天也穿上吧。

哈哈！我今天就算了。

今天可不是宝石精灵要出现的日子啊。哈哈哈！

你们两个都这么穿的话就太显眼了啊。

嗯，大家都来了啊。

啊，道云你来得也很早啊？

一定不能迟到啊！穿什么啊？

嗯，我平时起床都很早，我可不是强迫自己早起的啊。

你不是说对Rookie兴趣不大么，怎么也带相机来了？

我平时都会带着相机啊，而且还要给大家拍照特别是晨荷……

嗯？

唔！没，没什么！

哈哈！

我还要拍晨荷啊。现在还不清楚晨荷身上到底有什么秘密……

反正，咱们赶紧入场吧。

晨荷啊，在学校外面碰到道云，觉得他有点怪怪的呢。是吧？

嗯？

嗯……

什么？

嗯？晨荷你怎么了啊？

哈哈哈！我们快走吧！

难道道云发现了什么？

哇啊！人真多啊。

在真哥哥，喜欢你们组合的人有这么多啊！

我们快去排队吧！晨荷！

啊，你！

再等一等，在真哥哥。

瑞丽马上就到你身边了。

吼吼

来这里领取粉丝俱乐部的气球啦！

请大家来领取啊！

ROOKIE
新丝俱乐部气球分发处

已经发了很多了吧。

嗯，人真多啊！

大家好！我们现在开始清点剩下的气球数量，每组说一下各自剩下的气球数量！

是！粉丝协会会长。

我们带来的这些气球，还剩下多少个？

我一共带来了36个。

我带来了48个。我们分出去多少个？

我们分出去的数量记在这里了。

一共分出去了68个。

那么还剩下多少个？

那边什么事？

分别带来了36个气球和48个气球，分出去68个，写成算式的话是这样。

$36+48-68$
$=$

啊哈！

你看，我刚才计算出来了。

真的吗？

展示

首先，先计算减法。
$48-68=$？

$36+48-68$
$=48-68$

啊？48怎么减68啊？

呃嗯？

什么？一个数减去比自己大的数？

3个数的计算，不要改变计算的顺序哦。

36+48-68的计算
① 36+48=84 ② 84-68=16

什么？

首先计算前面的加法，是 36+48=84，然后用84减去 68……

哦好。

84-68=16，所以答案是 16。

哦！按顺序计算的话，就可以解开了。

刚才这个男生是谁啊？

数学很厉害啊！

测试

请计算。

(1) 47+28-39
(2) 72-45+56

▶ 答案见68页

道云也很有人气呢。在我们学校很受欢迎啊！

是、是啊。

果然很棒呢。

我们也去领个气球吧。

好，走吧。

气球真漂亮。道云你不领一个吗?

我不用了。

好期待啊!

我们快入场吧。

嘶 嘶

噔

噔

人真多啊,可是都是多余的,只要在真哥哥和我两个人就够了。

来领取一个气球吧!

!!

请用这个气球多给 Rookie 哥哥们加油哦。

气球?

嗯……

嘶 嘶

咻 咻

咻

给在真哥哥加油,有我一个人就够了。

嘶 嘶 嘶

你想干什么?

嘶

嘶

嘶

嘶 嘶

测试答案 (1) 36 (2) 83

啊，心情真奇怪。

咻 咻 咻 咻

呃，我怎么了？

吼吼！现在开始，你们分发的气球上，会有我的黑暗力量。

咻 咻 咻 咻

所有人都会被这黑暗的力量淹没。

是，明白了。

嗡嗡嗡嗡

很好，我现在入场了，剩下的交给你们了。

是。

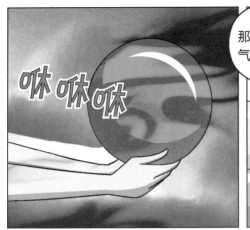

那是有黑暗气息的气球。

心理越阴暗，越会受到这个黑暗气球的影响。

咻咻咻

耳语耳语

哇!

好漂亮!

嗖嗖嗖

嗯?

啊，心情有点奇怪……

嘶嘶嘶

非常好！就这样一点一点让黑暗扩散吧。

微笑

还有，我要见到在真哥哥的事情，也需要你们帮忙，走吧。

脚步声
脚步声

咯咯

咯咯

事情发展得很有趣呢。

哈哈哈

那么开心么？

当然了！你看这些孩子们，竟然散发出这么多黑暗的气息。

如果每一个孩子都由我亲自施加黑魔法的话，会花去很多时间和力气。

呼哧！呼哧！什么时候能结束？

还剩下很多啊。

哎呦，别推啊！

利用人类的欲望，施以黑魔法，让其自己扩散黑暗能量……

这一次，你的计划真是太棒了。

这种程度算什么……

越往后，孩子们陷入黑暗越深，事情就越有趣。我们瞧好戏吧。

很好！好想快点让尼路看看这些可爱的孩子们。

我刚才看到尼路他们进到演唱会场馆里去了。

等一会儿，就算他不想看，也看到了。

一会儿尼路会惊吓到什么程度呢？哈哈哈！他会拿这些孩子怎么办呢？

吼吼！数量越庞大，力量越可怕。

嘿嘿

咻 咻 咻 咻

这一次，谁都没有办法阻止我们了。哈哈哈哈哈！

嗒

嗒

嗯？耳朵有点痒……

晨荷啊，我突然感觉有点奇怪呢？

嗯？

哪里奇怪？就是你无聊了呗。别说话，老实在里面待着。

呃！

演唱会马上要开始了。

到底什么时候开始啊……

人声

嘈杂

唰

唰

在真哥哥——太帅了。

啊啊啊

哥哥！再唱一个！

哥哥！你好帅！

啊啊啊

晨荷你不会像她们这么疯狂吧？看起来他的女粉丝真的很多哦。

呃……

微笑

嘿嘿，沉迷于偶像的少女可真多！

吵死了！我可没那么想。

按

呃！

我只是想给在真哥哥加油啊。

晨荷啊，刚才肯定是指你啊，真好！

摇晃 摇晃

摇晃

哈哈哈！心、心脏……

粉丝这么多，如果只是指着一个人，其他的粉丝们该伤心了。

呼哟

你也这么想么……

肯定啊。

嘿嘿。

嗯。

看表情，她好像要飞起来了。

哇啊啊啊 哇

ROOKIE
休息室

来！动作快点！

这10分钟的视频播放完后，Rookie成员要依次进行个人表演，大家快准备吧！

好！

哈啊！好有压力啊，个人表演第一个是我，真过分。

谁让你抽到一号了。哈哈！

竟然第一个！

你要这么想，你第一个表演完后，就可以早休息一会儿了，多好。

嗯。

经纪人哥哥，我表演的时候，事先沟通好的照明，安排好了吗？

嗯，准备好了。

东浩啊，换上这件衣服吧。

拿出

好。

造型师姐姐给东浩挑的衣服真可爱啊。

可、可爱！也有好多人说我帅呢？

可爱啊！

我去一趟洗手间。

起身

快回来。

对了，刚才你在舞台上指向粉丝唱歌的动作很好，果然很了解粉丝的心理啊。

哈哈！

粉丝就是喜欢这样的互动。

呼

那个被指到的粉丝一定很开心。

啵，下一次我也这样做一下？

懒腰

哈啊，放松一下身体，吹吹风。

啪嗒

啪嗒

天台上最适合吹风了！

咚呀

啊啊啊——可以在这里练练嗓子呢。

拉伸

开怀

下一个就是我的个人表演了，我要好好唱，让大家看到一个更好的我。

刚才用手指过去，粉丝们好像很意外呢……

这一次，要怎样表现呢……

出现

谁？

转头

87

89

美狐是怎么在这么多的人身上释放黑暗力量的?

竟然……所有人的心灵宝石都变暗了。

晨、晨荷啊……我有点晕。

雨菲啊!

雨菲啊,没事吧?

雨菲宝石的颜色!

我也感觉有点奇怪……

晕乎乎

可是这么多人，没办法一个一个地解救。

你还是先变身宝石精灵吧，有些事情发生的话，处理起来也方便。

点头

嗯。

雨菲啊，宝石精灵的衣服现在让我穿一下吧？

耳语

耳语

啊！

你是要现在变成宝石……唔！

嘘！

嗯？她们在说什么？

我们一起去卫生间吧……

耳语

嗯，走吧！

耳语

好像在商量着什么……

整个演唱会场内的气氛也有点奇怪。

耳语 耳语

转头 转头

道云啊，我们去一趟卫生间！

什么？嗯？

等、等一下！

哒哒 哒哒

挠头

走得真快，很着急吧。

不对，有点奇怪啊。

突然

*真相：没有遮掩的事实

女卫生间

谢谢你，雨菲。

给，晨荷，你的衣服。

抛

这个地方会发生什么事情吗？

咣 咣 咚 咚

还不清楚，一会儿出去观察一下。

嗯？尼路去哪里了？

不会迷路了吧？

别担心，他自己会找过来的！

嗯？

吱呀

雨菲，我换好了。

啦
啦
啦

嘿咻

嗨

现

出

衣服换好了吗?

尼路!你去哪里了?还从窗户爬进来?

吼吼，这里是一楼，很容易呢。

尼路……

你怎么变成人了，什么时候变的?

？

总不能用猫咪状态去对抗吧?

*迷糊：思想的混乱、变化不定或模糊的状态

*便秘：大便排泄不好，在肠内停留时间过长的一种病。

你说你叫瑞丽？谢谢你喜欢我。

那个……

可是，为什么你从演出场馆里跑出来了？

哥哥。

比起看演出，我更喜欢和哥哥待在一起。

嘿嘿嘿

呃……

演出厅

从这里进去就是舞台了……他们还追在后面呢吧？

喀

哒

唉哟！先进去再说！

怎么回事？我这么突然出现，粉丝们应该有反应才对……

啪

啪

呃！好刺眼！

先向人求助吧。

嘶嘶嘶

在真哥哥，快去瑞丽身边。

快去吧。

这、这是怎么回事……

这是隐藏摄像机节目吗？故意为了吓我准备的？

哥哥

快去瑞丽身边。

嘶 嘶 嘶嘶

大家都怎么了！

在真哥哥——

摔倒

还好舞台够高。

我得快点找到别的路！呃——

摇晃

扭

!!

呃！要、要掉下去了。

谁来帮帮我……

沙

拉 拉

抓

紧

三个数的计算

测试 1

粉丝协会会长核对了剩下的气球数量。剩下多少个气球？

大家把剩下的气球数量告诉我一下！

我这里还有 16 个。

我这里剩下 28 个！

我剩下 12 个。

(   )

测试 2

人们为了进演唱会会场排起了长队。现在排队的人有多少个？

哇，有 51 个人排队呢！

刚才有 9 个人去了卫生间。

啊！又有 24 个人来排队了，现在有多少个人在排队？

(   )

答案见第135页

测试 3

演唱会上播放了 Rookie 的视频，Rookie 成员们的房间中有很多粉丝送的礼物。最高允彬和天空东浩收到的礼物合起来比东方在真多多少个？

故事 1 用多种方法计算加法

我要给晨荷做一件新衣服，在衣服上缝 25 个粉红色蝴蝶结，17 个黄色蝴蝶结。

25+17 这个算式中，可以先考虑 25+10=35，再算 35+7=42（个）

1. 道云昨天拍了 26 张晨荷的照片，今天拍了 28 张。道云这两天拍的晨荷照片一共有多少张？

晨荷看起来很平凡啊……

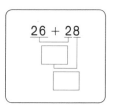

26 + 28

2. 雅琳为了从叔叔那里要来门票，给叔叔刷碗 14 次，打扫房间 19 次。雅琳一共帮叔叔做了多少次家务？

呃，为了要张票，真是难啊。

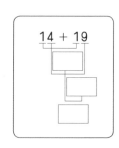

14 + 19

答案见第135页

3. Rookie 演唱会门票开卖的第一天上午卖了 49 张，下午卖了 48 张，一天一共卖了多少张门票？

我要买 Rookie 演唱会的门票。

$$49 + 48$$

故事2 用多种方法计算减法

在真哥哥演唱会那天，我要穿什么呢？我有 21 条裙子，14 条裤子。

21−14 这个算式中，可以先计算 21−10=11，再计算 11−4=7，裙子多 7 条。

4. 为了准备演唱会，在真一首歌练习了 83 次，一支舞蹈练习了 69 次。歌比舞蹈多练习了多少次？

$$83 - 69$$

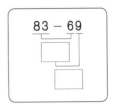

讲故事 学数学

5. 同学们都聚集到雅琳身边要门票。其中有女生 24 名，男生 15 名。围过来的学生中，女生比男生多多少个？

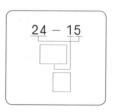

$$24 - 15$$

6. 晨荷在去演唱会前，做了黄瓜面膜。切了 35 片黄瓜，用了 17 片，还剩下多少片黄瓜没有用？

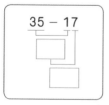

$$35 - 17$$

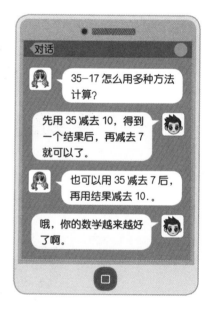

对话

35−17 怎么用多种方法计算？

先用 35 减去 10，得到一个结果后，再减去 7 就可以了。

也可以用 35 减去 7 后，再用结果减去 10。

哦，你的数学越来越好了啊。

答案见第135页

故事 3 （三位数）-（两位数）

7. 瑞丽有 142 张在真哥哥的单人照，有 75 张 Rookie 团体照。瑞丽的在真单人照比 Rookie 团体照多多少张？

(   )

8. 瑞丽在粉丝官网写了 183 条留言，晨荷写了 89 条。瑞丽比晨荷多写了多少条？

(   )

9. 雨菲为了给自己准备观看演唱会时穿的衣服，将自己积攒的 114 颗小钻用了 38 颗。还剩下多少颗？

去看演唱会，衣服要华丽一些。

(   )

故事 4　加法与减法的关系

晨荷要去看演唱会了，我要给她和朋友们准备一些紫菜包饭吃。

35 个紫菜包饭，其中 19 个裂开了，还有 35−19=16 个完整的。一共做了 19+16=35（个）。

10. 晨荷去看演唱会前，妈妈给她留了数学作业。将晨荷写的加法算式 47+25=72，用两种减法算式写出来。

哈，这个怎么用减法写出来呢？

(,   )

11. 雅琳想给道云做三明治吃，买了 18 张芝士，14 张火腿。雅琳买的芝士和火腿的数量一共是 18+14=32（张）。将雅琳买的芝士数量和火腿数量用减法算式写出来。

（   ）

12. 瑞丽有 32 段 Rookie 的视频，上传了 15 段。将视频数量的和用加法算式写出来，有两种写法。

（   ，   ）

13. 在真准备演唱会的这段时间里，有 54 瓶水，喝了 38 瓶，用减法算式将剩下的水的数量表示出来。再将减法用两个加法算式表示出来。

减法算式：_____

加法算式：_____，_____

125

讲故事 学数学

14. 道云做了 15 道算术题和几道应用题，一共是 24 道题。用□表示道云做的应用题的数量，写出正确的算式并求出答案。

如果晨荷能解出这 24 道题，就会对数学产生自信了！

算式（　　　　　　　　　　　）

　　答案（　　　　　　　　　　）

15. 看下图，回答出美狐原来一共有多少个面包。

（　　　　　　　　　　　　　　）

16. 道云在蚂蚁洞外撒了一些白糖，蚂蚁洞里有31只蚂蚁顺着白糖排成队走了出来，又有几只蚂蚁回到了蚂蚁洞里。外面还剩下14只在吃白糖。用□代替回到蚂蚁洞的蚂蚁的数量，写出算式并求出答案。

算式（ ）

答案（ ）

17. 同学们爬山的时候，在用石头垒起来的石头堆前拍照，石头堆上一共有82块石头，但是一不小心，他们碰掉了一些石头，还剩下35块石头。他们碰掉了多少块？

（ ）

18. 这天，人气组合Rookie在书店举行新专辑的签售会，卖掉了28张，还剩下16张。这个书店一开始一共准备了多少张Rookie的新专辑？

（ ）

故事6 ●+▲-★的计算

嗯？好奇怪。

什么？

我在这里放了52块糖和24块巧克力啊！

我吃了28块。

52+24-28=48（块），还剩下48块了啊。

那是要给在真哥哥的！

吃太多了，快去刷牙！

19. 雅琳有 23 枝玫瑰和 29 枝百合，在做了一个花篮后，还剩下 15 枝花。雅琳做花篮用了多少枝花？

（　　　　　　　　　　　）

20. 晨荷和尼路去面包店买了 17 个奶油面包和 25 个红豆面包。给朋友分了 36 个，还剩下多少个？

买17个奶油面包和25个红豆面包吧。

是要给我的吗？

给朋友分36个啊。

哈！

（　　　　　　　　　　　）

答案见第135页

21. 看下图，回答出剩下的座位数量。

1层还剩下48个座位，2层还剩下36个座位。

刚才又卖了15个座位。

对话

加减法混合的算式要怎样算啊？

先算前面两个数的算式，再算后面的！

(   )

22. 晨荷折了16个纸飞机，雨菲折了18个纸飞机，她们抛出去12个，还剩下多少个纸飞机？

(   )

23. 雨菲在连衣裙上贴了48个 装饰和23个 装饰。看图回答出连衣裙上剩下多少个装饰。

上面的装饰太多了，我们取下来18个吧。

好，现在就取。

(   )

故事7 ● − ▲ + ★的计算

24. 看图，回答出松鼠一共攒了多少个橡子。

(   )

25. 晨荷乘坐的公交车上有 42 个乘客，到站后下了 26 人，上了 18 人。现在公交车上有多少人？

(   )

26. 水族馆准备了 92 条孔雀鱼，到场的 48 个游客每人分到了一条，之后又买来了 35 条。现在水族馆有多少条孔雀鱼？

对话

孔雀鱼好动，颜色很漂亮。

我也想养一条！

晨荷啊，养一个生命的时候，要有责任心哦！

嗯，我会照顾好它的。

(   )

27. 妈妈和晨荷一共做了 62 个松饼，吃了 15 个后，又做了 24 个，将剩下的所有松饼都给了奶奶。奶奶一共收到了多少个松饼？

再做些松饼一起给奶奶送过去吧！

要做得好看一些啊！

(   )

28. 雨菲在衣服上缝了 32 颗黄色珠子，掉了 18 颗，又缝了 24 颗蓝色珠子。衣服上一共有多少颗珠子？

(   )

为什么总是掉下来啊？

·三角数和四角数

将物品以三角形样式排列，我们会得到一串数字 1,3,6,10,...，我们将这些数字称为三角数。三角数最初是由毕达哥拉斯学派提出来的。

这个样子的图案在保龄球场看到过呢。

好像有一些规律……

三角数 1　　三角数 3　　三角数 6　　三角数 10 ……

我们生活中常见的三角数

▲保龄球球瓶

▲台球

> **Tip**
>
> **毕达哥拉斯学派**
>
> 古希腊哲学家、数学家毕达哥拉斯和他的门徒们组成的哲学学派。毕达哥拉斯学派认为数是万物根源，是哲学的核心。

◀毕达哥拉斯

1，3，6，10，……三角数有一个规律，它们都是连续的自然数的和。

一排就是 1，两排就是 1+2，三排就是 1+2+3……

1=1   3=1+2   6=1+2+3

果然是有规律的。

……

10=1+2+3+4

 让我们进一步了解一下四角数吧。

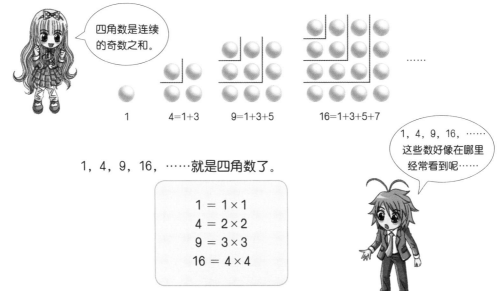

四角数是连续的奇数之和。

1   4=1+3   9=1+3+5   16=1+3+5+7   ……

1，4，9，16，……这些数好像在哪里经常看到呢……

1，4，9，16，……就是四角数了。

$$1 = 1 \times 1$$
$$4 = 2 \times 2$$
$$9 = 3 \times 3$$
$$16 = 4 \times 4$$

1，4，9，16，……也是两个相同数相乘后的结果。

三角数和四角数之间有联系吗？

三角数：1，3，6，10，15，……

两个相邻的三角数相加的话

1+3=4，3+6=9，6+10=16，10+15=25，……

得数为 4，9，16，25，……

相邻的三角数相加的得数为四角数。

4，9，16，25，……
不就是前面学过的
四角数吗？

哇啊，好
神奇！

18 世纪朝鲜数学家黄胤锡的著作《理薮新编》中写道过垒水果的问题。1 层需要 1 个水果，2 层需要 1+3=4 个水果，3 层需要 1+3+6=10 个水果，4 层需要 1+3+6+10=20 个水果，5 层需要 1+3+6+10+15=35 个水果。1，4，10，20，35，……这些数就是三角数的和。

1（个）　　1+3=4（个）　　1+3+6=10（个）　　1+3+6+10=20（个）　　……

测试

1 保龄球场中的保龄瓶一共有 10 个，这是第 4 个三角数。第 10 个三角数是多少？　　　　　　　　　　　　　　　（　　　　　　　　）

2 1 是第一个四角数的话，第 10 个四角数是多少？

（　　　　　　　　）

答案与解析

测试 **1** 　11− □ =5

测试 **2** 　48+ □ =74；26 次

测试 **3** 　63− □ =6；57 条

解法

1. 原本有 11 张票，分出去□张后还剩 5 张。
   ⇨ 11− □ =5

2. 今天练习的舞蹈次数用□代替，写出加法
   算式就是 48+ □ =74，74−48= □，□ =26

3. 用□表示关于 Rookie 哥哥们的留言条数，
   写出减法算式为：63− □ =6　63−6= □，
   □ =57

第**2**话 概念测试　　118～119页

测试 **1** 　56 个

测试 **2** 　66 人

测试 **3** 　6 个

解析

1. 16+28+12=56（个）

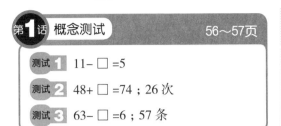

2. 51−9+24=66（人）

3. 28+17−39=6（个）

讲故事 学数学　　120 ～ 131 页

1. 26+28
   46
   54

2. 14+19
   20
   13
   33

3. 49+48
   57
   97

4. 83−69
   23
   14

5. 24−15
   19
   9

6. 35−17
   25
   18

7. 67 张

8. 94 条

9. 76 颗

10. 72−47=25，72−25=47

11. 32−14=18

12. 15+17=32，17+15=32

13. 54−38=16，38+16=54；16+38=54

14. 15+ □ =24；9 道

15. 14 个

16. 31− □ =14；17 只

17. 47 块

18. 44 张

19. 37 枝

20. 6 个

21. 69 个

22. 22 个

23. 53 个

24. 54 个

25. 34 人

26. 79 条

27. 71 个

28. 38 颗

解析

1. 在头脑中想着 28=20+8，所以先用 26+20，
   再加 8，结果是 26+28=54

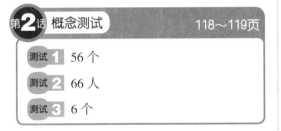

135

2. 14=10+4，19=10+9，先用 10+10，再加上 4 和 9，得数是 14+19=33

3. 48=40+8，先用 49 加上 8，再加 40，49+48=97

4. 69=60+9，先用 83 减去 60，再减去 9，83−69=14

5. 15=10+5，先用 24 减去 5，再减去 10，24−15=9

6. 17=10+7，先用 35 减去 10，再减去 7，35−17=18

7. 142−75=67（张）

8. 183−89=94（条）

9. 114−38=76（颗）

10. 47+25=72 ⟨ 72−47=25 / 72−25=47

11. 18+14=32 ↗↙ 32−14=18

12. 32−15=17 ⟨ 15+17=32 / 17+15=32

13. 54−38=16　54−38=16 ↘↙　↘↙ 38+16=54　16+38=54

14. 用□代替应用题数量，15+□=24 可以变成 24−15=□；□=9 道

15. 用□代替最开始美狐有的面包数量，□−6=8，8+6=□，□=14 个

16. 用□代替吃了白糖又回到洞里的蚂蚁数量，31−□=14，31−14=□，□=17 只

17. 用□代替滚落的石头数量，82−□=35，82−35=□，□=47 块

18. 用□代替书店最开始有的新专辑数量，□−28=16，28+16=□，□=44 张

19. 23+29−15=52−15

20. 17+25−36=42−36
=6（个）

21. 48+36−15=84−15
=69（个）

22. 16+18−12=34−12
=22（个）

23. 48+23−18=71−18
=53（个）

24. 32−13+35=19+35
=54（个）

25. 42−26+18=16+18
=34（人）

26. 92−48+35=44+35
=79（条）

27. 62−15+24=47+24
=71（个）

28. 32−18+24=14+24
=38（颗）

=37（枝）

数学知识百科词典	134页
(1) 55	(2) 100

解析

1. 第 4 个三角数是 10，第 5 个三角数是 10+5=15，第 6 个是 15+6=21，第 7 个是 21+7=28，第 8 个是 28+8=36，第 9 个是 36+9=45，第 10 个是 45+10=55

2. 相邻的三角数相加得数为四角数，所以第 10 个四角数为第 9 个三角数 + 第 10 个三角数，45+55=100

有趣的数学旅行　读者群：7~14 岁

◆ 韩国数学知识趣味类畅销书No.1

◆ 韩国伦理委员会"向青少年推荐图书"

◆ 20年好评不断！持续热销100万册、荣登当当少儿畅销榜

◆ 荣获韩国数学会特别贡献奖、韩国出版社文化奖、首尔文化奖等多项重量级大奖

◆ 中国科学院数学专家、中国数学史学会理事长李文林，著名数学家、北大数学科学院教授张顺燕，北京四中、十一学校、八十中学等名校数学特级教师倾情推荐

◆ 2011年理科状元、奥数一等奖得主称赞不已

ISBN 978-7-5108-3162-1

9 787510 831621 >

畅销经典

全系列共 4 册

定价：148.00 元

有趣的数学旅行 1　数的世界

那些极有个性的数字组成的问题和有趣的解题过程！

让我们扬帆起航，去寻找数学中的奥秘！

有趣的数学旅行 2　逻辑推理的世界

历史与生活中蕴含着推理的错误，让我们寻找一个合理的思考方式，打下扎实的基础，进行一次有趣的头脑训练吧！

有趣的数学旅行 3　几何的世界

学习几何学的历史，洞察几何学原理，通过生活中的几何问题培养直观的数学能力！

有趣的数学旅行 4　空间的世界

数学创造出各种各样的空间，让我们一起去探索隐藏其中的数学秩序吧！

在多种空间组成的谎言中寻找数学的真理！

奥德赛数学大冒险 读者群：8~14岁

◆ 8~14岁孩子喜欢的数学冒险小说

◆ 韩国畅销八年，韩国仁川小学、广运小学、新远中学等重点中小学数学老师纷纷推荐的课外必读书

◆ 北京人民广播电台金牌少儿节目主持人小雨姐姐、中国科普作家协会石磊大力推荐

◆ 涵盖小学二年级到中学二年级的重要数学概念，数学知识加上趣味故事的奇妙组合，让孩子们学起数学来事半功倍

◆ 小贴士、大讲座，幽默讲述数学历史和常识，让数学好学又好玩

ISBN 978-7-5108-3161-4

全系列共4册
定价：155.00元

奇迹幼儿数学系列 读者群：3~6岁

◆ 1000余位妈妈亲自测验教学效果

◆ 全部课程提供108个亲子游戏，同时附带游戏道具

◆ 立足欧美前沿教育理论编写的情境数学课程，同时又符合东方儿童认知特点

ISBN 97875-1083-6992-2

3~4岁系列共6册
定价：128.00元

《奇迹幼儿数学》分3个年龄阶段（3~4岁、4~5岁、5~6岁），每个阶段六册，以生活为素材，利用幼儿最熟悉的场景进行数学训练，例如游乐园、动物园等。全部课程中给小朋友们提供了100多个易于操作的亲子游戏，以及趣味的动手动脑小游戏，附赠多页贴纸、游戏卡片和彩印纸，在游戏中激发幼儿的学习兴趣。结合简单的说明文字，有助于婴幼儿学习知识，提高认知能力，全面地了解世界。加上书中的图画色调清新明快，造型简约可爱，线条舒展有序，贴合宝宝的特点，更能激发孩子的兴趣。

ISBN 97875-1083-7005-5

4~5岁系列共6册
定价：128.00元

ISBN 97875-1083-6343-3

5~6岁系列共6册
定价：128.00元

图书在版编目（CIP）数据

数学秘密日记. 4 / 杜勇俊文图. -- 北京 :九州出
版社，2018.4

ISBN 978-7-5108-6777-4

Ⅰ. ①数… Ⅱ. ①杜… Ⅲ. ①儿童小说－中篇小说－
中国－当代 Ⅳ. ①I287.45

中国版本图书馆CIP数据核字（2018）第053339号

数学秘密日记4

作　　者	杜勇俊 文·图
出版发行	九州出版社
地　　址	北京市西城区阜外大街甲35号（100037）
发行电话	（010）68992190/3/5/6
网　　址	www.jiuzhoupress.com
电子信箱	jiuzhou@jiuzhoupress.com
印　　刷	北京兰星球彩色印刷有限公司
开　　本	710毫米×1000毫米　16开
印　　张	8.75
字　　数	18千字
版　　次	2018年10月第1版
印　　次	2018年10月第1次印刷
书　　号	ISBN 978-7-5108-6777-4
定　　价	29.80元